DIXIÈME MÉMOIRE

sur

LA FORTIFICATION.

DEUXIÈME MÉMOIRE

SUR

LA FORTIFICATION,

Par P.-M.-Théodore Choumara,

CAPITAINE DU GÉNIE.

CHEVALIER DE SAINT-LOUIS ET DE LA LÉGION-D'HONNEUR.

> .... Ce champ ne se peut tellement moissonner
> Que les derniers venus n'y trouvent à glaner.

PARIS,

IMPRIMERIE DE A. HENRY,

RUE GÎT-LE-COEUR, Nº 8.

1827.

AVERTISSEMENT.

———

Pour mieux faire ressortir l'indépendance des modifications que je propose d'introduire dans les tracés bastionnés, j'ai fait un léger changement à la division indiquée dans les Observations préliminaires du premier Mémoire; ce qui est relatif à la disposition des fossés m'a paru assez important pour faire l'objet d'un chapitre spécial; en conséquence, le chapitre III a été décomposé en deux autres, qui forment les chapitres III et IV, en sorte que la première partie du *Mémoire général* sera composée de huit chapitres au lieu des sept annoncés.

DEUXIÈME MÉMOIRE

LA FORTIFICATION.

~~~~~~

PREMIÈRE PARTIE.

———

CHAPITRE III. (DU MÉMOIRE GÉNÉRAL.)

Considérations sur les Brèches que l'on peut faire aux Systèmes bastionnés ; Moyens de retarder, de rendre plus difficiles et plus dangereux l'établissement et l'action des batteries de brèche.

N° 13.—LA première condition à laquelle toute fortification permanente doit satisfaire, est d'être à l'abri d'une attaque de vive force, afin de mettre l'assiégeant dans la nécessité d'ouvrir *une ou plusieurs brèches.*

Les moyens usités pour faire brèche aux murailles des places, sont au nombre de deux :
~~~~~~

1°. L'artillerie ;

2°. Les mines.

Comme en définitif il faut des brèches pour pénétrer dans les places assiégées, il est évident que l'on rendrait à la défense la supériorité sur l'attaque, si l'on parvenait à empêcher l'*établissement ou l'action* des batteries de brèche et des fourneaux de mines destinés à renverser les escarpes et contrescarpes.

La défense se partage donc en deux parties distinctes :

La première relative aux travaux à ciel ouvert;

La seconde relative aux travaux souterrains.

Je ne m'occupe *ici* que de la première partie; je cherche s'il ne serait pas possible d'empêcher l'*établissement et l'action des batteries de brèche*, ou du moins de rendre ces opérations *tellement difficiles et tellement dangereuses, qu'elles ne pussent être répétées autant de fois qu'il faudrait le faire pour être entièrement maître d'une place.*

Lorsqu'on jette un regard attentif sur les tracés bastionnés, exécutés jusqu'à nos jours (même ceux que l'on regarde comme les mieux entendus), on reconnaît aisément que, pour s'en emparer, *les brèches successives à ouvrir ne sont ni nombreuses, ni difficiles.*

Du saillant du chemin couvert d'une demi-lune, *on peut faire brèche aux faces des bastions par les trouées du fosse de cette demi-lune.*

Du saillant du chemin couvert d'un bastion, *on peut faire brèche à ce bastion près de son angle flanqué, et aux bastions adjacens près des angles d'épaule, qui ne sont pas entièrement couverts par les tenailles.*

De la crête du chemin couvert des places d'armes rentrantes, *on peut faire brèche aux épaules des bastions, et à la courtine par les trouées de la tenaille.*

Lorsque les places d'armes rentrantes ont des réduits, ils masquent les trouées des tenailles; mais les batteries de brèche que l'on établit contre eux (1), *après avoir rasé leurs parapets, découvrent le revêtement de la courtine assez bas pour y faire des brèches praticables.*

Lors même qu'on tiendrait le terre-plein des réduits plus élevé, l'assiégeant n'aurait que quelques déblais à faire *pour y pratiquer une embrasure commune, ce qui retarderait à peine sa marche, parce que ces déblais se feraient sur des points peu exposés.*

Il suit de là que, dans l'état actuel de la fortification, *les seules batteries établies sur la crête du glacis où l'assiégeant arrive avec la*

____

(1) Si l'on faisait brèche par la mine, cela aurait encore lieu.

plus grande facilité, suffisent pour mettre en brèche toutes les parties des escarpes qu'il serait important de conserver intactes, et qu'ainsi tous les retranchemens se trouvent ouverts en même tems que le saillant des bastions, ou à très-peu de jours près (1).

Dans les polygones d'un petit nombre de côtés, les demi-lunes ayant peu de saillie sur les bastions, le chemin couvert de ces bastions se trouve couronné en même tems que celui des demi-lunes.

––––––––––––––––––––––

(1) M. de Cormontaingne paraît avoir commis une erreur bien extraordinaire pour un homme qui entendait aussi bien la fortification et la conduite des siéges, quand il a supposé que des retranchemens comme ceux qu'il propose, prolongeraient la défense de dix à onze jours; comment n'a-t-il pas vu que les contre-batteries du saillant du chemin couvert des bastions mettaient en brèche les épaules des bastions adjacens? qu'ainsi son premier retranchement était tourné, pris à dos, et que, par conséquent, tout le raisonnement qu'il fait sur cet ouvrage et sur son deuxième retranchement porte à faux.

Si M. de Montalembert n'a pas été heureux dans la plupart de ses systèmes, on ne peut disconvenir qu'il a souvent eu raison dans les critiques qu'il a faites du système de M. de Cormontaingue; mais il a été beaucoup trop loin, quand il a avancé que les tracés bastionnés ne peuvent être améliorés.

Il en résulte évidemment qu'en cherchant *a fermer les trouées des fossés des demi-lunes*, comme plusieurs auteurs l'ont proposé, *ce n'est pas résoudre complétement la question, puisque, dans un grand nombre de cas*, cette correction ne retarderait pas d'un seul instant la prise de la place.

Le problème véritablement important à résoudre, serait non-seulement de *fermer les trouées des fossés des demi-lunes*, mais encore d'empêcher que de la crête des glacis des chemins couverts ou de leur terre-plein, on ne fît des brèches praticables aux bastions et à leurs retranchemens.

La solution de ce problême intéressant me paraît simple et facile, à l'aide des considérations suivantes.

Moyen général d'empêcher que les batteries établies sur la crête du glacis du chemin couvert ou dans son terre-plein, ne fassent des brèches praticables aux escarpes.

N° 14. — L'escarpe du fossé du corps de place, étant principalement destinée à empêcher l'escalade, doit avoir, quand cela est possible, au moins dix mètres de hauteur.

La contrescarpe destinée seulement à empê-

cher l'ennemi d'arrriver dans les fossés, en or-
dre, en grand nombre, par plusieurs points,
avec les moyens d'escalader l'escarpe, n'exige
pas, à beaucoup près, une aussi grande élévation ; une hauteur de quatre à cinq mètres est
plus que suffisante pour interrompre les communications des fossés avec les chemins couverts,
mettre l'assiégeant dans la nécessité de faire
sauter partie de cette contrescarpe, *pour n'arriver
que par les défilés étroits formés par les fourneaux
des mines.*

Il suit de là, que *rien n'oblige à tenir le fond
des fossés horizontal,* qu'on pourrait, sans inconvénient, lui donner une pente de la contrescarpe
vers l'escarpe, *ce qui aurait déjà le grand avantage de diminuer les maçonneries de contrescarpe,*
et de rendre les communications plus commodes
pour protéger les ouvrages extérieurs.

Mais cette disposition, qui peut être utile dans
beaucoup de circonstances, n'est pas encore la
plus avantageuse que l'on puisse adopter ; au lieu
d'établir la pente du fossé dans ce sens, pour
toute sa largeur, il vaudra mieux l'établir en
sens contraire, pour une partie, en lui faisant
suivre à peu près l'inclinaison de la ligne de tir
menée des parapets au pied de la contrescarpe,
*réduite à quatre mètres en dessous du terrain
naturel ;* on formera ainsi *une espèce de glacis*

intérieur aux contrescarpes, dont la crête sera arrêtée à quinze ou seize mètres de l'escarpe, qui se reliera à la partie basse du fossé par un talus de cinq à six mètres de base.

Les fossés seront alors partagés en deux portions distinctes :

La première *ayant toute la profondeur nécessaire pour empêcher les attaques de vive force.*

La seconde *disposée de manière à couvrir tout ou partie des maçonneries de l'escarpe à laquelle les batteries établies sur la crête des chemins couverts ou dans leur terre-plein, ne pourront plus faire de brèche praticable.*

L'assiégeant sera ainsi obligé de venir établir ses batteries de brèche dans la partie haute du fossé *où l'on pourra l'obliger à faire des déblais plus ou moins considérables, exposé à des feux de toute espèce et sous l'action des grenades à main, partant du corridor des fusilliers,* dont il a été parlé, dans le premier mémoire, chapitre 2, n° 5.

Cette disposition, *extrêmement simple*, combinée avec le principe posé au chapitre 1er, paraît de la plus haute importance, et capable d'exercer une grande influence sur la durée des siéges, tout en diminuant la dépense de construction des maçonneries de contrescarpe. *Elle est générale et s'applique aux fossés des demi-*

lunes et des ouvrages extérieurs comme à ceux des bastions, aux tracés angulaires comme aux tracés bastionnés ; elle résout complétement le problème proposé *pour dérober les escarpes aux feux extérieurs : la fermeture des trouées des fossés des demi-lunes en est une conséquence naturelle et immédiate.*

C'est surtout dans les applications qu'on en reconnaîtra toute la fécondité. Nous allons, en conséquence, l'appliquer au tracé de M. de Cormontaingne, qui ne diffère pas sensiblement de celui de M. de Vauban, pour ce qui concerne l'escarpe des bastions.

Application au tracé de M. de Cormontaingne.

PREMIER CAS.

Lorsqu'on peut disposer la contrescarpe à volonté.

N° 15. — Dans les places où les contrescarpes sont en terre, dans celles où elles sont en assez mauvais état, pour que leur reconstruction soit devenue nécessaire, il sera presque toujours avantageux de faire les fossés plus larges que ceux de M. de Cormontaingne, afin d'avoir plus de facilité à couvrir l'escarpe.

Dans le système de cet auteur, le terrain naturel étant à la cote 100, le sommet de l'escarpe est à la cote 97, 50, son pied à la cote 107, 50, le sommet de la contrescarpe à la cote 100 : son pied peut donc être arrêté à la cote 104 (au lieu de la cote 107, 50). Si, à partir de ce point coté 104, on relève le fond du fossé suivant la pente du sixième à 39 mètres de distance, la crête de la partie haute du fossé sera à la cote 97, 50 ; c'est-à-dire que l'escarpe sera entièrement dérobée à l'assiégeant établi sur la crête du glacis qui est aussi à la cote 97, 50 ; si l'on ajoute ensuite 17 mètres pour la largeur de la partie basse du fossé, et le talus de raccordement avec la partie haute (1), la largeur totale entre l'escarpe et la contrescarpe sera de 56 mètres.

Profil. n° 1.

---

(1) M. de Saint-Paul (*Traité complet de Fortification*, p. 59). M. Gay de Vernon (*Traité d'art militaire et de Fortification*, p. 54) posent en principe que « *la* » *largeur du fossé doit être au moins double de la hau-* » *teur totale de l'ouvrage au-desssus du fond de ce fossé,* » *afin que les terres et les débris de la brèche qui s'écrou-* » *lent en formant une rampe,* qui a pour base une lon-

Cette portion *du glacis intérieur* étant bien vue par les flancs des bastions, il n'est pas rigou-

---

» gueur à peu près égale à la hauteur de l'ouvrage, ne
» comblent tout au plus que la moitié du fossé. »

Ces deux auteurs et quelques autres qui les ont précédés, ou suivis, me paraissent avoir commis une erreur manifeste ; ils n'ont pas remarqué que la rampe formée par la brèche se compose de deux parties, dont l'une rentre dans l'intérieur de la place, et ne sert point à combler le fossé.

Si l'on suppose un relief de 14 mètres, les terres de la brèche prendront leur talus naturel à 45 degrés : une partie des débris couvrira le pied du revêtement ; la base de la rampe sera partagée en deux portions, dont une de 7 mètres sera dans le fossé.

Si le parapet est *retiré*, et que l'escarpe n'ait que 10 mètres de hauteur, la partie de la base de la rampe qui sera dans le fossé n'aura que 5 mètres ; ainsi, en supposant qu'il soit de rigueur que les terres de la rampe n'arrivent qu'à la moitié de la largeur du fossé, on pourra borner cette largeur à 10 ou 12 mètres.

Il y aurait une exception à faire, si l'*on battait l'escarpe à son pied, et que tout le revêtement tombât en même tems ;* mais cela n'arrive jamais complétement, et ne peut arriver avec la disposition nouvelle, puisque la partie basse du fossé, talus compris, n'ayant que 17 mètres, pour battre l'escarpe au milieu de sa hauteur, il faudra déjà faire des déblais assez considérables.

Sans doute il y a toujours quelques pierres ou débris qui roulent un peu plus loin que le talus naturel des

reusement nécessaire qu'elle soie vue dans toute son étendue par les feux des faces; cependant, quand on pourra remplir cette condition sans introduire des défauts graves, on ne devra pas la négliger.

En donnant une pente du sixième au glacis intérieur, pour que son prolongement passât au-dessous de la ligne de tir des faces des bastions, il faudrait tenir les parapets très-élevés, surtout quand ils sont retirés en arrière des escarpes : pour éviter un trop grand relief dans cette hypothèse, on doit, *ou augmenter la largeur du glacis intérieur, ou tenir sa crête plus basse que celle du chemin couvert.*

Avantages et inconvéniens résultant de l'augmentation de la largeur du fossé :

N° 16. — Quand on augmentera la largeur du glacis intérieur, et par conséquent celle du fossé, l'emplacement de la contre-batterie du saillant du chemin couvert sera plus considérable ; mais aussi les pièces des flancs destinées à la contre-battre, augmenteront proportionnellement (premier mémoire, pag. 39, n° 10). D'ailleurs, cette

Fossé du bastion A. Face droite.

---

terres, mais c'est en très-petit nombre, et on ne doit pas s'en inquiéter.

augmentation des contre-batteries est plus apparente que réelle, car l'assiégeant se trouvera dans la nécessité de couronner la crête du glacis intérieur, et ce couronnement masquera les batteries en arrière ; il s'en suivra que la dernière contre-batterie, établie dans le fossé, au lieu d'être augmentée, sera réduite à la largeur de la partie basse du fossé, qui peut recevoir au plus trois à quatre pièces.

Il résultera de l'augmentation de la largeur du fossé d'autres avantages ; outre que les cheminemens seront plus longs dans cette partie si dangereuse, la demi-lune se trouvera plus saillante sur les bastions, et les mettra par conséquent dans des rentrans plus prononcés, dont il est facile de reconnaître l'influence.

Bastion A. Face gauche. Il est visible que la quantité dont on retirera les parapets des faces des bastions, dépend du degré d'importance que l'on attachera à la brisure faite à ces parapets pour obtenir les nouveaux flancs dont il a été parlé (premier mémoire, pag. 38, n° 9); et que, si on les supprimait, il suffirait de retirer les parapets de cinq à six mètres, en les faisant précéder d'un chemin des rondes.

Dans cette dernière hypothèse il serait encore facile d'obtenir des flancs semblables, pour tirer sur les contre-batteries et le saillant du bastion, en faisant près de l'angle d'épaule un ressaut de deux ou trois mètres, qui aurait le double avantage de couvrir les flancs agrandis, et de former une batterie haute qui tirerait par-dessus les parapets.

Hauteur à laquelle on peut, sans inconvénient, réduire la crête du glacis intérieur.

N° 17. —Lorsque les parapets reposent sur les escarpes, il est nécessaire de couvrir entièrement ces dernières, car si on en laissait seulement deux ou trois mètres à découvert, les brèches que l'on y ferait diminueraient d'autant l'épaisseur des parapets qui, n'étant plus à l'épreuve, seraient promptement rasés, et laisseraient l'intérieur des ouvrages à découvert; mais lorsque les parapets sont retirés en arrière, il suffit qu'on ne découvre pas les escarpes assez bas pour que la chute des terres forme une rampe continue. Quand une escarpe a dix mètres, il n'y a aucun danger à en laisser découvrir quelques mètres de la crête du chemin couvert.

Prenons un fossé de cinquante-quatre mètres de largeur, un chemin couvert de dix mètres; plaçons la crête du glacis intérieur à seize mètres de l'escarpe, et à la cote 100.

Fossé du Bastion B.

Profil n° 1.

La ligne de tir partant de la crête du chemin couvert à la cote 97,50, ne rencontrera l'escarpe qu'à la cote 100,62, c'est-à-dire, à près de sept mètres du fond du fossé ; et, comme cette portion de brèche n'entraînera presque pas de terres avec elle, il est clair qu'elle ne sera pas praticable ; ainsi, *avec des parapets retirés de quelques mètres,* on peut, sans inconvénient, mettre la crête du glacis à la cote 100, et même plus bas, sans craindre que les batteries établies sur la crête du chemin couvert ou dans son terre-plein fassent des brèches praticables ; alors la partie haute du fossé sera très-bien vue de face, avec un relief ordinaire pour les bastions.

Quoi qu'il en soit, plus on tiendra la crête du glacis intérieur élevée, plus l'assiégeant éprouvera de difficultés, parce que, lorsqu'il sera arrivé dans cette partie haute, il lui faudra faire des déblais très-considérables pour découvrir assez bas les escarpes.

Les pièces tirant au sixième, quand la crête du glacis intérieur sera à la cote 97,50, on ne battra le revêtement qu'à la cote 100, par conséquent il faudra faire des déblais sur une profondeur de trois mètres au moins.

DEUXIÈME CAS.

Lorsque les contrescarpes sont données.

N₀ 18. — Quand la largeur des fossés est donnée et réduite à trente mètres, comme dans les fossés de M. de Cormontaingne, on peut encore obtenir des résultats à peu près semblables à ceux dont nous venons de parler, *par la combinaison du principe de l'indépendance des parapets, avec la hauteur de la réduction de la contrescarpe à quatre mètres ;* mais alors il faut fixer à dix ou douze mètres la distance entre la crête du glacis intérieur et l'escarpe, et au lieu d'un talus en terre qui diminuerait trop la largeur de la partie basse du fossé, faire un revêtement en maçonnerie à la gorge de ce glacis intérieur.

Fossé du Bastion B, face droite.

La cote du pied de la contrescarpe étant 104, la crête du glacis intérieur sera à la cote 101, la ligne de tir partant de la crête du chemin couvert à la cote 97,50, ne battra l'escarpe qu'à la cote 102,17, il restera donc 5 mètres 33 de hauteur de revêtement intact, qui seront loin d'être comblés par le peu de terres éboulées : il sera bon, cependant, pour être assuré du résultat, d'approfondir le fossé de deux ou trois mètres vers le saillant, ou de déblayer le pied de l'escarpe.

Les parties de la contrescarpe qui correspondent à la gorge, des réduits des places d'armes rentrantes, de la demi-lune et de son réduit, étant au *minimnm* à la cote 97,50, leur pied peut être à la cote 102 ; il est donc possible de relever la crête du glacis intérieur vers les angles d'épaule des bastions, de manière à lui donner la cote 98 aux deux extrémités, ainsi qu'il est indiqué au fossé du bastion B face droite.

Dans les fossés de M. de Cormontaingne, on n'a point l'avantage de diminuer les maçonneries comme dans les fossés plus larges ; il y a même une augmentation assez considérable pour les revêtemens de la gorge du glacis intérieur ; mais il s'établit une compensation par les nouveaux obstacles qui en résultent, quand l'assiégeant doit faire des déblais pour battre les revêtemens d'escarpe assez bas ; par les passages ou descentes dans la partie basse du fossé, et surtout par l'utilité dont ces maçonneries seront pour l'organisation de la défense souterraine. (*Voyez* le n° 23.)

Moyen de relever la crête du glacis intérieur, sans augmenter la largeur des fossés.

Fossé du Bastion C.

N° 19. — Jusqu'à présent j'ai supposé que le sommet de la contrescarpe était à la cote 100,

pour me conformer à ce qui a été pratiqué jusqu'à ce jour ; mais il est visible que cette suppo-
sition n'est pas de rigueur, et que si on la relevait
jusqu'à la cote 97,50, ce qui est possible et souvent avantageux, ainsi qu'on le verra quand
nous traiterons du chemin couvert, le raisonnement que nous venons de faire sur la partie rapprochée des épaules, pourrait s'appliquer à tout
le développement ; et la crête du glacis intérieur
se trouverait au *minimum* à la cote 99, en sorte
que la ligne de tir partant de la crête du chemin
couvert n'arriverait pas à la cote 100 de l'escarpe,
et celle partant du sommet de la contrescarpe
n'arriverait pas à la cote 101.

Avantages du glacis intérieur pour dérober les
épaules des bastions aux contre-batteries des
saillans du chemin couvert.

N° 20. — J'ai déjà remarqué que, dans les
tracés de MM. de Vauban, Cormontaigne, etc., les
flancs des bastions ne sont pas entièrement couverts par les tenailles ; les épaules peuvent être
mises en brèche, sur une longueur de plusieurs
mètres, par les contre-batteries établies aux saillans du chemin couvert ; cet inconvénient dispa-
raît entièrement avec le glacis intérieur proposé :
les lignes de tir partant des contre-batteries pour

Bastions
A , B . C.

arriver aux escarpes des flancs, sont interceptées par la crête de ce glacis, de manière qu'au lieu de placer la partie extérieure de la tenaille dans le prolongement des faces des bastions, on pourrait la rentrer vers la courtine, sans découvrir les flancs; on ferait ainsi disparaître l'espace mort qui se trouve en avant de cette tenaille, quand on la tient assez élevée pour couvrir l'escarpe de la courtine du corps de la place.

Avantages de cette disposition pour fermer les trouées de la tenaille.

Bastion B; face droite.

N° 21. — En faisant rentrer les lignes extérieures de la tenaille de manière à les rendre à peu près parallèles à la courtine, et en prolongeant les faces des bastions, on formerait aisément des orillons qui couvriraient les trouées de la tenaille, et empêcheraient que les batteries établies par l'assiégeant sur la crête du glacis intérieur ne fissent brèche à la courtine par ces trouées (1).

---

(1) Cette disposition présenterait quelque analogie avec celle proposée par M. le général Haxo; elle ne ferait pas naître les inconvéniens dont il sera parlé à la fin de ce chapitre.

Changement d'une partie du glacis intérieur en traverse.

N° 22.—La disposition précédente deviendrait à peu près indispensable, si on laissait le glacis intérieur continu dans la partie correspondante aux fossés des demi-lunes et de leurs réduits; car alors l'assiégeant pourrait, quoiqu'avec beaucoup de peine et de dangers, cheminer jusque sur la crête de ce glacis intérieur, pour établir des batteries de brèche contre les épaules des bastions, et contre la courtine par les trouées de la tenaille. Il est donc important de *lui refuser ces emplacemens*, en faisant des coupures dans le glacis, de manière à ne laisser devant les fossés et les trouées que des traverses qui n'offriront point l'épaisseur nécessaire pour s'y établir; ces traverses remplaceront avantageusement les orillons, elles faciliteront l'établissement des communications du corps de place avec les ouvrages extérieurs; elles n'occasionneront point d'angles morts : enfin, elles ne paraissent susceptibles d'aucune objection fondée, et leur combinaison avec le glacis intérieur dont elles font partie, nous semble approcher beaucoup de la meilleure disposition possible pour les fossés du corps de place.

Fossés des. bastions CD

Pour mieux nous convaincre des grands avantages qui résulteraient de son adoption, nous allons l'examiner succinctement sous le double rapport de la dépense et de la durée probable du siége.

Influence du glacis intérieur sur la dépense.

N° 23. — Nous venons d'examiner les différentes modifications qu'il convient de faire éprouver au glacis intérieur, suivant le plus ou le moins de largeur des fossés et le relief des ouvrages au-dessus du terrain naturel ; les légères différences nécessitées par la nature des ouvrages anciennement exécutés, ne peuvent être considérées que comme des accessoires : nous devons donc juger la disposition en elle-même, et pour cela supposer aux fossés la largeur nécessaire, comme ceux des fronts A et B, et admettre que le relief sera suffisant.

Dans ce cas, la hauteur de la contrescarpe étant réduite à quatre mètres au lieu de sept mètres cinquante centimètres, la poussée des terres sera beaucoup moins considérable, et l'épaisseur du revêtement devra en conséquence être diminuée : il en résulte que la maçonnerie de contrescarpe, tant à cause de la moindre élévation que de la moindre épaisseur, sera réduite au moins de moitié pour ce qui est au-dessus des fondations, et à peu près des deux cinquièmes du total, en y comprenant les fondations.

M. de Cormontaingne trouve 1355,110 toises cubes de maçonnerie pour le développement de la contrescarpe d'un front avec demi-lune ; en adoptant son prix fictif de 51 francs par toise cube (*Voir* le tableau de la page 96 du Mémorial, tom. 1ᵉʳ), la maçonnerie de contrescarpe s'élèverait à 69110, 61 cent., dont les deux cinquièmes sont de 27645, 24 cent., que nous porterons à 30000, 00, à cause de l'économie sur la pierre de taille des angles et arrondissemens, etc. ; ainsi, en supposant que l'on fît aussi l'application du glacis intérieur au fossé de la demi-lune, on diminuerait la dépense de construction d'un front de 30000, 00.

La dépense totale du front, d'après le tableau cité, est de 487836, 00 ; l'économie résultant de l'adoption du glacis intérieur serait donc à peu près d'un seizième.

Lorsque les fossés du corps de place sont trop étroits, il faut, ainsi que je l'ai dit, revêtir la gorge du glacis intérieur ; il sera aussi nécessaire de revêtir la partie de la traverse formée par la coupure, jusqu'à la hauteur du ressaut du fossé de la demi-lune, c'est-à-dire de 3 à 4 mètres.

En supposant *que , dans ce cas, on ne fasse point de changement au fossé de la demi-lune* , l'augmentation de la dépense s'élèvera à peu près au vingtième de la dépense totale.

Influence du glacis intérieur des fossés du corps de place sur la durée du siége.

N° 24. — En ne considérant que la disposition indiquée pour le fossé du corps de place, et faisant abstraction des obstacles qui résulteront des modifications proposées dans le premier mémoire, chapitre II, et de celles qui le seront dans les chapitres suivans, on voit que, pour l'attaque et pour la défense, tout se passera comme dans une place ordinaire, jusqu'au couronnement du chemin couvert des bastions et demi-lunes; dans tous les cas, il faudra établir, aux saillans de ces ouvrages , des batteries pour tâcher d'éteindre les feux des faces et des flancs des bastions; mais il y aura une différence bien sensible dans les effets que produiront ces batteries ; celles du saillant du chemin couvert de la demi-lune ne pourront plus faire de brèches praticables aux faces des bastions ; celles du saillant du chemin couvert des bastions ne pourront plus faire de brèches praticables , ni aux faces, ni aux flancs de ces ouvrages ; l'assiégeant , obligé de faire sauter la contrescarpe pour arriver dans la partie haute du fossé , ne devra pas songer à s'y établir avant de s'être rendu maître de la demi-lune , de son réduit, et des réduits de places d'armes rentrantes , autrement il serait pris *à dos, à revers, en face et en flanc , exposé à des sorties multipliées très-bien protégées , auxquelles il ne pourrait opposer que quelques hommes réunis sur un petit espace, privés de secours, et déja trop tourmentés par les feux de la place pour faire une résistance sérieuse.*

Lors même que l'assiégeant se logerait dans le terre-plein du chemin couvert, il n'en serait pas plus avancé ; il suit de là que , même sans retranchement dans les bastions, l'assiégeant ne commencera à cheminer dans la partie haute du fossé du corps de place que la vingt-neuvième nuit (*Voyez* le Mémorial de Cormontaingne , tome Ier, pag. 120 et 121) ; et cela aura lieu *quelles que soient d'ailleurs l'ouverture des polygones et la saillie des demi-lunes ; car la prise de cet ouvrage et de son réduit avant l'établissement dans la partie haute du fossé , est aussi bien de rigueur avec les demi-lunes à la Vauban qu'avec les demi-lunes à la Cormontaingne.*

Ainsi, le glacis intérieur seul redonne aux polygones d'un petit nombre de côtés une des propriétés les plus importantes des polygones

très - ouverts ; il enlève aux demi-lunes très-
saillantes , une partie de leur prestige , et ne
leur laisse que l'avantage de porter plus de feux
sur les ouvrages collatéraux , et d'offrir plus d'espace dans leur intérieur ; ces avantages ne sont
pas à dédaigner : mais, mesurés à l'échelle de
comparaison de M. de Cormontaingne, ils seraient
à peu près nuls.

La seule manière de combattre les conséquences auxquelles nous venons d'arriver, serait
de supposer que l'ennemi, établissant ses batteries au saillant du chemin couvert, viendrait,
à l'aide de travaux souterrains, établir des fourneaux de mines sous la crête du glacis intérieur,
pour y faire une ouverture et donner passage
aux projectiles qui devraient ouvrir la face du
bastion ; mais les dispositions qui doivent rendre
la marche souterraine au travers du fossé impossible, avant la prise des dehors ; sont si faciles
à faire, elle coûteront si peu et seront si favora-
bles pour culbuter tous les travaux de sape ou
de batterie, que l'assiégeant tentera d'établir
sur ce petit espace obligé, qu'il est visible que,
quand nous ferons intervenir les mines, elles
auront pour résultat presque certain de prolon-
ger indéfiniment la défense ; mais cet examen
doit être reservé pour le mémoire spécial sur la
fortification souterraine. Ici nous tirerons seu-

lemént la conséquence que, dans le cas même où les fossés ont une largeur suffisante pour faire des talus en terre, *il sera encore avantageux de revêtir la gorge du glacis intérieur et la partie de la traverse qui correspond à la coupure, parce que ce revêtement sera très-favorable à la défense souterraine;* que sa dépense est peu considérable comparée à son influence sur la durée du siége, par les obstacles qu'il oppose à la descente dans la partie basse du fossé.

Après la prise de la demi-lune et de son réduit, il faudra encore cheminer, dans la partie haute du fossé, couronner la crête du glacis intérieur, construire des batteries de brèche, faire des déblais considérables sous une grêle de projectiles de toutes espèces, *d'artillerie, de mousqueterie, de feux courbes partant des flancs et des faces, grenades à main partant du corridor ou du chemin des rondes, exposé à des retours offensifs faciles et sûrs.* Si ces opérations ne deviennent pas impossibles, on conviendra au moins qu'elles seront fort longues et très-dangereuses; cependant, pour ne pas choquer les idées reçues et les calculs ordinaires, je réduirai le tems nécessaire pour les exécuter à six jours.

Ainsi, une place de M. de Vauban, sans retranchemens dans les bastions, qui, à l'hexagone, ne tient que dix-sept à dix-huit jours de tranchée ouverte, d'après le journal de siége de M. de Cormontaingne (Mémorial, tome Ier, page 111), par la simple formation du glacis intérieur, tiendrait au *mininum* trente-cinq à trente-six jours, et la dépense serait diminuée d'un seizième environ (1).

Une place de M. de Cormontaingne qui, d'après lui-même (Mémorial, tome Ier, page 257), ne doit tenir à l'hexagone que vingt-deux jours, en tiendra également trente-cinq à trente-six ; et il y aura une semblable diminution dans la dépense quand on ne fera pas de revêtement en maçonnerie à la gorge.

Application des momens de M. de Fourcroy.

N° 25. — Si nous voulons appliquer l'*étrange principe des momens de M. de Fourcroy*, en partant des données de son Mémoire sur la fortification perpendiculaire, page 34, nous trouverons, pour l'hexagone (2) :

---

(1) Pour le moment, je fais abstraction de l'augmentation qui résultera pour la durée du siége, de la formation d'un glacis intérieur dans le fossé de la demi-lune, on en verra les conséquences dans le troisième mémoire.

(2) Nous ne prenons ici que des approximations ; l'évidence des résultats nous dispense des calculs rigoureux, et

Fronts.	Forces absolues.	Dépenses.	Momens ou valeur relatives.	
Moderne.	22	16	16	
Ancien à flancs droits.	17	14	12	
Moderne avec glacis intérieur.	35	15	23	3
Ancien avec glacis intérieur.	35	13	27	

C'est-à-dire que la seule modification du fossé doublerait presque la valeur d'une place de M. de Cormontaingne, que celle d'une place de M. de Vauban serait plus que doublée, et enfin qu'une place de M. de Vauban modifiée, vaudrait mieux qu'une de M. de Cormontaingne, modifiée ou non modifiée.

Dans le cas où l'on serait forcé de revêtir la gorge du glacis intérieur et la partie extérieure de la traverse du fossé du corps de place, l'augmentation de la dépense serait à peu près d'un vingtième de la dépense totale ; alors on trouverait pour l'hexagone :

Fronts.	Forces absolues.	Dépenses.	Momens ou valeurs relatives.	
Moderne.	22	16	14	
Ancien à flancs droits.	17	14	12	
Moderne modifié.	35	17	20	6
Ancien modifié.	35	15	23	3

Ainsi, pour le cas le plus défavorable, en portant les dépenses beaucoup plus haut qu'elles

---

nous pouvons non-seulement négliger la diminution de la dépense, mais même la supposer augmentée.

n'iraient réellement, la valeur d'une place de M. de Cormontaingne serait augmentée de moitié, — et celle d'une place de M. de Vauban serait doublée.

Les détails dans lesquels je suis entré, ne doivent laisser aucun doute sur l'importance de la disposition que je propose pour les fossés ; les hommes instruits et de bonne foi conviendront sans doute que loin d'exagérer les avantages qu'elle présente, je les ai plutôt diminués, et que j'aurais pu aller beaucoup plus loin.

Pour compléter ce chapitre, il me reste à examiner les rapports que peut avoir le glacis intérieur avec les principales dispositions proposées pour fermer les trouées des fossés des demi-lunes.

Examen des principaux moyens proposés pour fermer les trouées des fossés des demi-lunes.

N° 26. — Les moyens proposés jusqu'à ce jour pour fermer les trouées des fossés des demi-lunes et de leurs réduits, se partagent en trois classes :

1°. Les glacis partant de la crête du chemin couvert ou de la contrescarpe, et allant se relier avec les fossés de ces ouvrages extérieurs ;

2°. Les traverses placées d'une manière plus ou moins heureuse ;

3°. Les contre-gardes.

Le premier moyen paraît avoir de nos jours un grand nombre de partisans; il est appuyé par des noms très-imposans.

M. de Bousmard le propose dans son nouveau système.

M. le général Chasseloup l'a proposé et mis à exécution à peu près en même tems.

M. le général Haxo en a aussi fait une des bases de son système.

Quand on ne se range pas à l'avis de semblables autorités, on doit craindre de se tromper, et sans chercher à leur opposer d'autres noms distingués, qui ont adopté des moyens différens, il faut motiver son opinion par un examen approfondi.

Disposition de M. de Bousmard et de M. le général Chasseloup.

N° 27. — La première question à résoudre est celle-ci : Est-il avantageux de porter la demi-lune en avant des glacis, partant de la crête du chemin couvert, comme l'ont fait M. de Bousmard et M. le général Chasseloup ?

Cette question, très-délicate à traiter, me paraît devoir être résolue négativement.

D'abord, parce que la demi-lune, ainsi isolée,

n'est point suffisamment soutenue ; qu'elle ne joue plus guère que le rôle d'une simple lunette avec réduit ; que si elle force l'assiégeant à ouvrir la tranchée plus loin du corps de place, elle lui fournit un excellent point d'appui aussitôt qu'elle est prise, et laisse le corps de place absolument dans la même position que s'il n'y avait pas eu de demi-lune, ou qu'il n'y en eût eu qu'une extrêmement petite, ne recouvrant point les épaules des bastions, ce qui laisse la faculté de développer (sans obstacle vraiment sérieux) les attaques jusque sur la crête du chemin couvert des bastions; d'établir des batteries de brèche contre leurs épaules, et de ruiner toute défense de flanc; car le réduit central de M. le général Chasseloup ne remédie point à cet inconvénient.

D'un autre côté, la demi-lune une fois prise est perdue définitivement pour l'assiégé, parce que les retours offensifs contre cet ouvrage deviennent impossibles.

Les auteurs de cette méthode me paraissent renoncer à la principale propriété de la demi-lune, *celle de faire perdre à l'assiégeant les avantages de sa position enveloppante, en le forçant à présenter le flanc, en le conduisant sur un terrain peu étendu où il est enveloppé à son tour, d'où il communique difficilement avec sa dernière parallèle, où il est en butte à des feux de toute espèce, à des sorties multipliées, que l'assiégé peut faire sans danger et avec la certitude du succès, pourvu qu'il sache joindre un peu d'adresse à la rapidité de ses mouvemens.*

Disposition de M. le général Haxo.

Nº 28. — M. le général Haxo, au lieu d'isoler ainsi sa demi-lune et son réduit, les relie au corps de place par le moyen de son réduit central, en établissant un glacis partant de la contrescarpe du bastion, et arrêtant les faces de sa demi-lune et du réduit sur ce glacis, qui se prolonge dans les fossés.

Cette disposition permet également à l'ennemi de cheminer jusque sur le bord de la contrescarpe des bastions pour y établir des batteries de brèche, contre leurs épaules et contre la courtine, par les trouées de la tenaille, ce qui tournerait tous les retranchemens et entraînerait la perte de la place.

Pour remédier à cet inconvénient majeur, l'auteur a senti la nécessité de couvrir ces trouées, en prolongeant la face du bastion, pour former une espèce d'orillon en avant.

Mais cette correction elle-même qui, au premier coup d'œil, peut paraître séduisante, introduit, selon moi, un défaut aussi grave que celui auquel on a voulu remédier.

En effet, dans les tracés de MM. de Vauban, Cormontaingne, etc., la tenaille cache presqu'entièrement les maçonneries des flancs des bastions aux feux des contre-batteries des saillans des chemins couverts de ces bastions, tandis que les orillons qui couvrent les trouées de la tenaille sont complètement en prise à ces batteries, qui les mettront en brèche en même tems qu'elles éteindront les feux de flanc : on pourrait dès-lors se dispenser de faire d'autres brèches.

Ce défaut, qui est incontestable quand on ne fait point de premier retranchement aux bastions, n'est pas moins dangereux quand on fait de la partie correspondante à l'orillon une espèce de contre-garde disposée comme celle du système en question ; car alors c'est la contre-garde qui est mise en brèche par les contre-batteries qui, après avoir abattu la partie avancée du flanc, mettraient aussi en brèche la partie retirée qui correspond au premier réduit, en sorte que les deux contre-batteries seules, formeraient quatre brèches qui donneraient le moyen de livrer l'assaut en même tems aux deux contregardes et aux deux bastions, ce qui entraînerait presque immédiatement la chute du réduit gégéral, qui, n'étant point flanqué, ne résisterait pas même à une attaque de vive force.

Les coupures faites dans les faces des contre-gardes découvrent aussi l'escarpe du bastion aux batteries établies sur le glacis, contre les épaules, en sorte que ces batteries feraient encore quatre brèches qui conduiraient au même résultat que les précédentes (1).

---

(1) Ces observations ont été écrites en 1823; elles sont relatives au tracé de M. le général Haxo, tel qu'il était en 1822. Dans la planche gravée en 1826 on trouve des changemens assez considérables, qui modifient un peu ce que nous avons dit: en faisant recouvrir davantage la tenaille par l'orillon, on a rendu la brèche à la partie retirée du flanc plus difficile à faire, et on a diminué l'espace qu'il est possible de battre; on aurait rendu cette brèche tout-à-fait impossible en allongeant un peu plus l'orillon *qui, dans tous les cas, reste en prise aux contre-batteries.*

Les escarpes et les contrescarpes des coupures des contregardes, sont brisées dans le tracé de 1826; mais il est facile de reconnaître que ce n'est qu'un palliatif insuffisant, qui serait bon, si les boulets agissaient à la manière des rayons visuels et touchaient les angles sans les abattre; mais on sait trop qu'il n'en est pas ainsi; le plus sûr serait de supprimer ces coupures qui ne servent à rien, puisque l'orillon est mis en brèche aussitôt que le saillant.

Le réduit général, *qui est véritablement le corps de place, recouvert par deux contregardes*, est flanqué dans

Ainsi, quand j'examine les trois dispositions
les plus remarquables pour fermer les trouées

---

le tracé de 1826; mais la hauteur de l'escarpe devant les
bastions se trouve divisée en deux parties de cinq ou six
mètres seulement, en sorte qu'il n'est point à l'abri de l'escalade.

Parmi les modifications introduites en 1825 ou 1826
dans le tracé de 1822, il y en a quelques-unes qui offrent de la ressemblance avec des idées que j'ai déve-
loppées antérieurement; quoique ces dispositions ne soient
pas de celles qui assurent une réputation brillante à leur
auteur, je crois cependant devoir indiquer les principales, car par cela même qu'on sait très-bien que M. le
général Haxo n'a pas besoin d'imiter les idées des autres,
qui sont passées sous ses yeux, on serait sans doute por-
té à croire que j'ai eu des réminiscences si je ne prévenais
que ces idées sont consignées dans un Mémoire fait en
1821, qui a été coté et paraphé par des officiers du génie auxquels je l'ai communiqué en mars 1822, et dans
celui que j'ai adressé au Comité du génie le 15 septembre
1824.

Dans son dernier système, M. le général Haxo a *brisé
quelques parapets en laissant les escarpes droites ;* rien
de semblable n'est dans le tracé de 1822.

Le dernier tracé présente *des traverses casematées
en capitale des bastions et demi-lune ;* il n'y en a point dans
le tracé de 1822.

La différence réelle qui se trouve entre ces dispositions
et celles que j'ai proposées, est que les brisures sont un peu
moins prononcées et les traverses moins élevées, qu'on

des fossés des demi-lunes , par des glacis extérieurs aux fossés de la place, j'en vois naître des
inconvéniens excessivement graves , tandis que
je n'en vois aucun à la disposition que j'ai
adoptée.

Avec elle , il n'est pas à craindre que l'assiégeant fasse brèche aux épaules des bastions ou à
la courtine, même après avoir pris le réduit de
la demi-lune; ses batteries de brèche sont néces-
sairement placées contre le saillant , et les retranchemens sont assurés , ainsi que nous le
verrons dans le chapitre IV.

Coup d'œil sur les traverses.

N° 29. — Toutes les traverses proposées jusqu'à présent pour fermer les trouées des fossés

---

s'est assujéti à en défiler les ouvrages en arrière, ce qui me
paraît inutile et ne conduira qu'à des demi-mesures insuf-
fisantes.

Dans le tracé de 1822, les communications ont lieu n
passant sous le milieu de la tenaille ; dans celui de 1826,
elles ont lieu en tournant autour pour arriver à la capo-
nière du centre , restant couvert par une portion de glacis.
J'ai adressé , le 20 mai 1825 , au ministre de la guerre , un
projet de caserne défensive, qui présente une disposition
absolument semblable ; ce projet a été soumis au comité
du génie qui a fait un rapport dessus.

de la demi-lune, ont l'inconvénient de donner naissance à des espaces morts, ou qui ne sont défendus que par des feux casematés, dont l'action est souvent incertaine et facile à paralyser; soit qu'on les place dans les fossés du corps de place, soit qu'on les porte dans ceux des demi-lunes, les mêmes inconvéniens se reproduisent; on peut les diminuer sensiblemment, en remplaçant les casemates par des chemins de rondes avec machicoulis, etc. (*Voyez* le chapitre V.)

Coup d'œil sur les contre-gardes.

N° 3o. — De quelque façon que l'on combine les contre-gardes placées sur les bastions, avec les tracés exécutés jusqu'à ce jour, elles offrent des inconvéniens très-graves.

Lorsqu'on les arrête à la contrescarpe du fossé de la demi-lune, elles ne ferment pas les trouées de ce fossé, et laissent les épaules des bastions à découvert.

Lorsqu'on les prolonge jusqu'à la contrescarpe du réduit de la demi-lune, ce réduit est mis en brèche en même tems que la demi-lune, par les batteries du saillant du chemin couvert des bastions, que l'on couronne généralement en même tems que celui de la demi-lune, parce que le rentrant est diminué par la contre-garde, et la difficulté du flanquement est la même que pour les traverses.

La demi-lune et les contrescarpes forment aisément une espèce de parallèle, dans laquelle l'assiégeant est parfaitement couvert, où il peut presque sans dangers faire toutes les dispositions pour ouvrir les bastions, soit en déblayant partie des contregardes, pour faire des trouées, soit en construisant des batteries dans le terre-plein, etc.

En un mot, outre que les contregardes sont beaucoup plus couteuses que le glacis intérieur, elles ne peuvent, en aucune façon, lui être comparées sous le rapport de la défense.

Résumé du Chapitre III.

Si l'on considère la simplicité de la disposition qui fait le sujet de ce chapitre, on trouvera sans doute que je suis entré dans trop de développemens pour en faire ressortir les avantages et la fécondité ; car elle est le résultat d'un de ces principes qu'il suffit d'énoncer pour que l'on en saisisse toutes les conséquences : ce principe, aussi évident que celui relatif à *l'indépendance qui doit régner entre les parapets et les escarpes*, peut être énoncé ainsi :

On ne doit point s'assujétir à faire le fond des

fossés horizontal ; il vaut mieux partager ces fossés en deux parties, dont la plus rapprochée de l'escarpe a toute la profondeur nécessaire pour empêcher les attaques de vive force ; l'autre, formée par un glacis partant du pied de la contrescarpe, réduite à quatre ou cinq mètres de hauteur, se relève vers la place, de manière à couvrir une assez grande hauteur de l'escarpe pour que les batteries établies sur la crête ou dans le terre-plein du chemin couvert, ne puissent faire des brèches praticables.

En réduisant le tout à sa plus simple expression, de l'examen de ce principe on déduit les conséquences suivantes :

1°. Quand on peut fixer la largeur des fossés et le relief de la place à volonté, il est avantageux de tenir la crête du glacis intérieur assez élevée pour couvrir toute la maçonnerie d'escarpe, afin de forcer l'assiégeant à faire des déblais considérables, sur des points très-exposés, pour établir ses batteries de brèches ;

2°. Quand les fossés ne sont pas assez larges et le relief assez élevé, on peut se borner à couvrir à-peu-près les deux tiers de la hauteur de l'escarpe, *en ayant soin de retirer les parapets de 4 à 5 mètres* pour empêcher leur chute avec celle de la maçonnerie découverte ;

3°. Quand les fossés auront la largeur nécessaire, le glacis intérieur n'exigera aucune construction en maçonnerie, il occasionnera une diminution assez considérable dans la dépense ;

4°. Quand les fossés auront peu de largeur, il deviendra à-peu-près indispensable de revêtir la gorge du glacis intérieur ; mais la dépense est loin d'être comparable à l'augmentation de force :

5°. Lors même que les fossés ont la largeur suffisante pour qu'on puisse se dispenser de revêtir la gorge du glacis intérieur, il est encore avantageux de faire ce revêtement, au moins jusqu'à quatre mètres de hauteur, parce qu'il en résulte de grandes facilités pour l'organisation de la défense souterraine;

6°. Le glacis intérieur sert aussi à dérober les épaules des bastions aux contre - batteries des saillans; il offre un moyen simple de couvrir les trouées de la tenaille par des orillons;

7°. Il est avantageux de changer la partie du glacis intérieur qui correspond aux fossés des demi-lunes, et de leurs réduits en traverses, au moyen de coupures qui empêchent l'établissement des batteries de brèche contre les bastions et contre la courtine ; ces coupures doivent être revêtues jusqu'à la hauteur du ressaut des fossés des demi-lunes, pour qu'on n'y attache pas le mineur ;

8°. Le glacis intérieur ainsi organisé, a une influence très-marquée sur la durée des siéges ; il donne aux polygones, d'un petit nombre de côtés, la principale propriété des polygones très-ouverts : il la renforce même, en conservant les bastions intacts jusqu'après la prise des réduits de demi-lune, quelle que soit d'ailleurs la saillie de ces ouvrages ;

9°. Enfin, outre sa généralité, le glacis intérieur est préférable aux divers moyens proposés jusqu'à ce jour pour fermer les trouées des fossés des demi-lunes, qui tous présentent des défauts plus ou moins graves.

Conclusion du deuxième Mémoire.

Dans notre premier Mémoire sur la fortification, nous avons établi le *principe relatif à l'indépendance qui doit régner entre les parapets et les escarpes.* Plusieurs dispositions qui en sont une conséquence naturelle, nous ont démontré sa fécondité, lors même qu'on se borne à de simples terrassemens. Qu'on adopte toutes les modifications indiquées dans le chapitre II, ou qu'on ne les adopte qu'en partie, le principe n'en est pas moins *incontestable ;* il formera désormais la base des recherches qui auront pour objet d'améliorer l'art défensif, et fera disparaître la plupart des difficultés que l'on rencontre pour disposer les ouvrages de manière à bien voir le terrain environnant, en évitant les enfilades et les revers. Le deuxième Mémoire nous fournit une preuve nouvelle des ressources que présente son application bien entendue; par la manière avantageuse dont il se combine avec le principe non moins important relatif à *la division des fossés en deux parties distinctes, à l'aide de laquelle on réunit les propriétés des fossés étroits et profonds, si utiles pour empêcher la formation des brèches et les attaques de vive force, à celles des fossés d'une grande largeur et d'une profondeur médiocre, si commodes pour les communications et si avantageux pour les retours offensifs.*

L'examen attentif de ce qui se passe à l'attaque et à la défense des places, nous a déjà fait découvrir deux principes généraux qui, jusqu'à ce jour, étaient restés inaperçus; ces principes sont d'autant plus remarquables que leur application n'exige aucun changement dans les tracés exécutés; qu'ils n'ont rien de systématique; que leur extrême simplicité les met à la portée de toutes les intelligences; qu'il n'est point nécessaire d'être un géomètre profond ni un ingénieur transcendant pour les bien saisir et les apprécier dès à présent.

Concluons donc que toutes les découvertes

utiles aux progrès de la fortification, n'ont pas
été faites par nos prédécesseurs; plus nous avan-
cerons, plus cette vérité deviendra sensible.
Bientôt nous rencontrerons de faux principes
dont l'adoption paraîtrait inconcevable, si l'on
ne savait que trop souvent la magie des noms
et des réputations remplace l'autorité de la
raison.

Le capitaine de génie,

CHOUMARA.

Nota. Pour ne pas multiplier les frais de gravure,
ou a réuni sur une seule planche ce qui est relatif au
deuxième et au troisième Mémoire; cette planche et le
troisième Mémoire paraîtront incessamment.

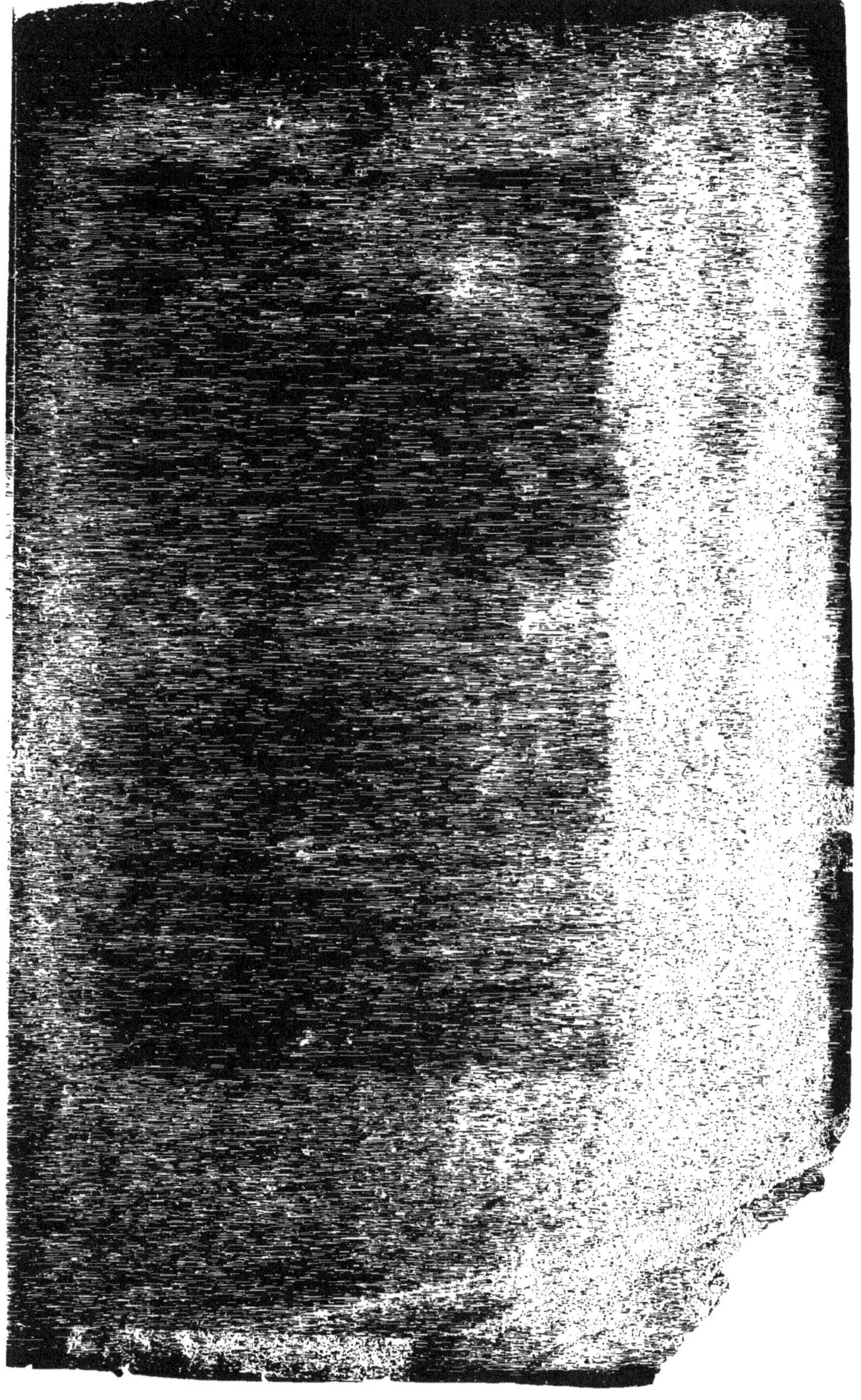